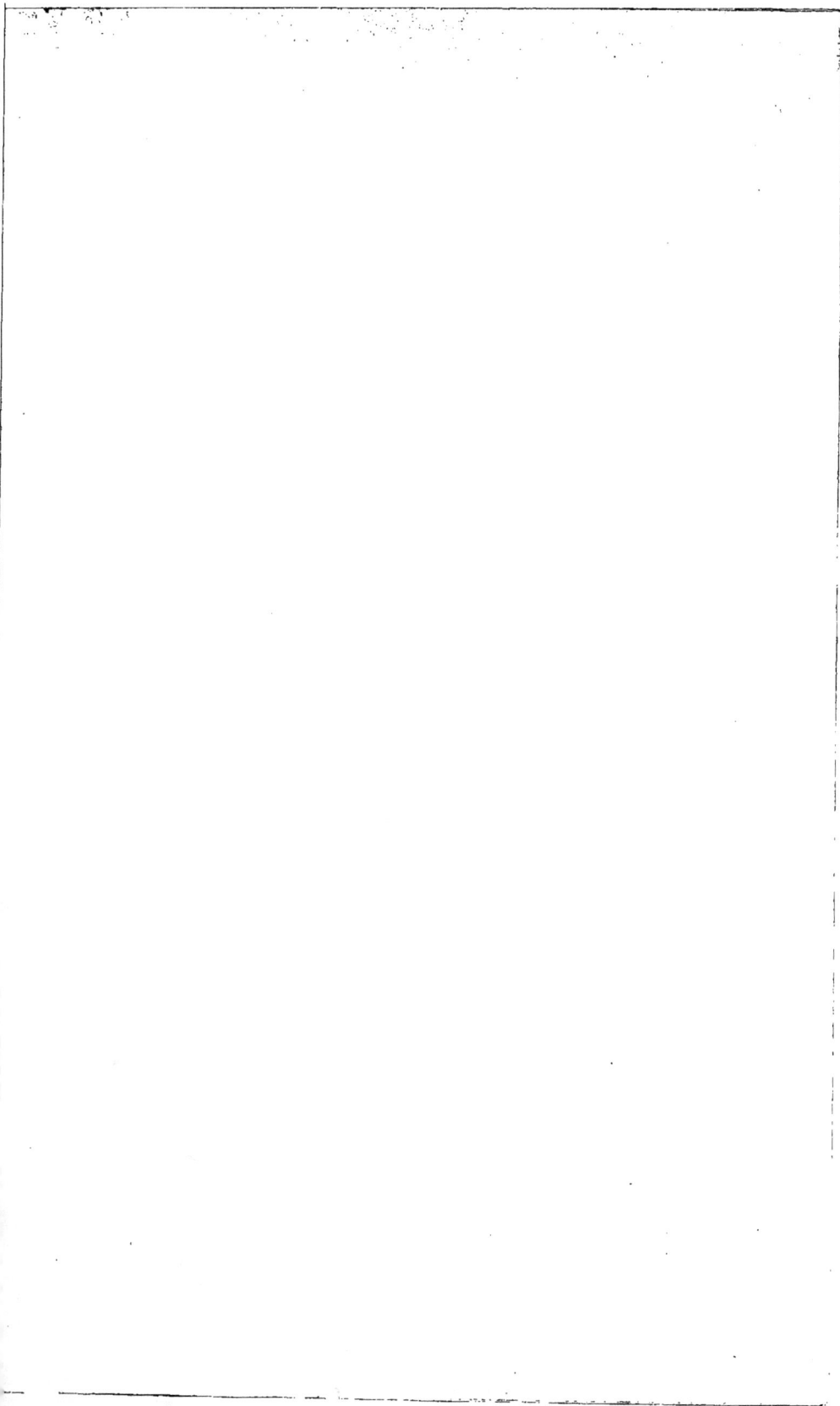

2515

ÉLÉMENTS DE L'HISTOIRE

NATURELLE

DES LÉPIDOPTÈRES

OU PAPILLONS

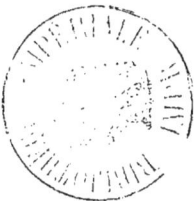

DESSINÉS D'APRÈS NATURE PAR F. COURTIN

Paris, L. TURGIS Jne Impr. Editeur, rue des Ecoles, 80. et à New-York, Duane St. 78.

1860

LES LÉPIDOPTÈRES OU PAPILLONS.

HISTOIRE NATURELLE

Les Lépidoptères, ou Papillons ont tous quatre ailes longues et membraneuses recouvertes d'une poussière diversement et vivement colorée qui vue au microscope paraît composée de petites écailles rangées avec symétrie. leur bouche est composée d'une trompe roulée en spirale propre à sucer les sucs des fleurs. la tête de ces insectes est petite on y voit deux yeux à reseaux saillants, globuleux souvent très brillants au dessus et entre les yeux sont les antennes, le thorax est bombé et plus court que l'abdomen. ils ont six pattes assez longues; ces insectes subissent des métamorphoses complètes, leurs larves (premier état dans lequel ils se trouvent après leur sortie de l'œuf) connues sous le nom de chenilles ont six pieds écailleux qui correspondent à ceux de l'insecte parfait et quatre ou dix pieds membraneux, qui disparaissent par la suite, elles sont allongées molles, quelquefois épineuses, souvent velues, le corps presque cylindrique. est partagé en douze anneaux, leurs mandibules mues par des muscles très forts ont la faculté de broyer et couper des corps très solides, aussi ces animaux dévastent-ils en très peu de temps les feuilles les fleurs les fruits et les racines de nos jardins vergers et forêts. il en est qui préfèrent les matières animales et se nourrissent de plumes, de cire, &ᵉ d'autres rongent les étoffes de laine et les fourrures.

Pour marcher les chenilles fixent d'abord la première partie de leur corps au moyen de leurs pattes écailleuses, et détachent ensuite successivement et deux à deux leurs pattes membraneuses, celles appelées Arpenteuses ou Géomètres relèvent en arc le milieu de leur corps en rapprochant leurs pattes postérieures de leurs pattes écailleuses de manière qu'elles semblent mesurer l'espace qu'elles parcourent.

En général ces animaux changent quatre fois de peau et quand ils sont prêts à se transformer en Nymphe ils secrètent de la soie avec une substance visqueuse renfermée dans de longs canaux qui règnent sur les côtés de l'estomac, poussée en dehors à travers une sorte de peau ou de lèvre. ils en forment un cocon dans lequel ils s'enferment. d'autres se roulent dans des feuilles ou se suspendent à quelque corps étranger au moyen d'un fil de soie. la leur corps se raccourcit et forme une espèce de momie qu'on appelle Chrysalide. au bout de 15 à 20 jours pour ceux qui se transforment en été ou au printemps, et tout l'hiver pour ceux qui ne se transforment qu'en octobre. quelques espèces restent même plusieurs années en cet état; ils sortent mous et faibles mais bientôt prenant l'essor, le papillon va chercher sa nourriture sur les fleurs, il en pompe le miel un y plongeant sa trompe. parvenus à plusieurs reprises, parvenus à leur état de perfection ces animaux sont bien près du terme de leur carrière. ils ne jouissent que dix à vingt jours de leur existence brillante et vive.

Les Lépidoptères sont divisés en trois grandes familles. celle des Diurnes des Papillons proprement dit, celle des Crépusculaires ou Sphinx, et celle des Nocturnes ou Phalènes. Les Diurnes se reconnaissent à leurs ailes qui sont verticales pendant le repos. leurs antennes sont au général terminées par un renflement, quelquefois amincies à l'extrémité. elles se recourbent en crochet. ils ont le corps généralement peu velu, petit relativement aux ailes, et présentant un rétrécissement notable entre le corselet et l'abdomen.

Ces Papillons comme l'indique leur nom, ne volent et cherchent leur nourriture que pendant le jour, leurs couleurs sont brillantes et variées, leurs chenilles ont 16 pattes, la Chrysalide est remenue enfermée dans une coque mais attachée par un fil passé autour du corps après dix feuilles des tiges ou contre des murailles, d'autres se suspendent par l'extrémité sup⁶. Les principales tribus sont les Papillonides, les Piérides, les Nymphalides, les Hespérides Erycinins, 8ᵉ.

Les Lépidoptères Crépusculaires ne volent que le soir et le matin, sont reconnaissables à leurs antennes fusiformes c.a.d enflées au milieu. quelquefois pectinées ou dentées, à leur corps généralement très gros relativement aux ailes, ne présentant jamais d'étranglement entre le corselet et l'abdomen, à leurs six pattes propres à la marche. aux ailes inclinées dans le repos, les supérieures étant retenues par une soie fixée aux ailes inférieures, les chenilles ont 16 pattes, les métamorphoses ont lieu dans la terre ou à sa surface sous quelque abri sous forme de coque quelquefois dans l'intérieur des tiges.

Les Crépusculaires se divisent en Sphingides, Sistroïdes et Zigénides. Parmi les Sphinx, on distingue le Sphinx de Troène, qui a une envergure de 10 centimètres, les ailes de couleur éclatante, le Sᵗⁿⁱⁱ et le Sphinx Atropos ainsi nommé à cause des taches qu'il présente sur son dos et qui ressemblent un peu à une tête de mort. lorsque ces derniers s'introduisent dans une ruche, ils font entendre un bruit qui jette l'épouvante chez les Abeilles au point que ces animaux si bien armés laissent porter le ravage dans leur royaume.

Les Nocturnes ne volent ordinairement que la nuit ou après le coucher du soleil. ils ont toujours les ailes horizontales ou inclinées en forme de toit comme chez les Bombycos, ou en fourreau enveloppant le corps, de même que chez les Crépusculaires. les ailes supérieures sont relevées presque toujours contre les inférieures. mais ils s'en distinguent par les antennes dont la tige diminue de la base à la pointe abstraction faite des dents, barbes, poils ou cils dont elles peuvent être garnies. le corps est tantôt grand tantôt petit. relativement aux ailes mais ne présentant jamais d'étranglement entre le corselet et l'abdomen. Cette famille très nombreuse renferme beaucoup de tribus dont les principales sont les Bombycides, Noctuelides, Hépialides, Phalénides, Tinéides, 8ᵃ. Les Chenilles ont de dix à seize pattes. elles se métamorphosent soit sous terre, soit dans l'intérieur des tiges ou racines dont elles se nourrissent, soit dans des coques de soie pure ou mêlées d'autres matières, les Chenilles du Bombyce processionnaire vivent en commun sur le chêne et filent une toile qui les abrite. souvent elles changent de domicile et lorsqu'elles sortent de leur retraite suivant un ordre régulier ce qui leur a valu leur nom. le Bombix du mûrier est l'insecte le plus utile à l'homme. c'est sa larve qui est si connue sous le nom de Ver à Soie. Les Tinéides dont les Chenilles se forment avec des matières qu'elles rongent des fourreaux qui leur servent de domicile, sont des insectes destructeurs. dont les uns dévorent les Lainages, les Pelleteries, les Collections d'histoire naturelle, et les autres recherchent les végétaux, et font surtout un grand ravage dans les blés.

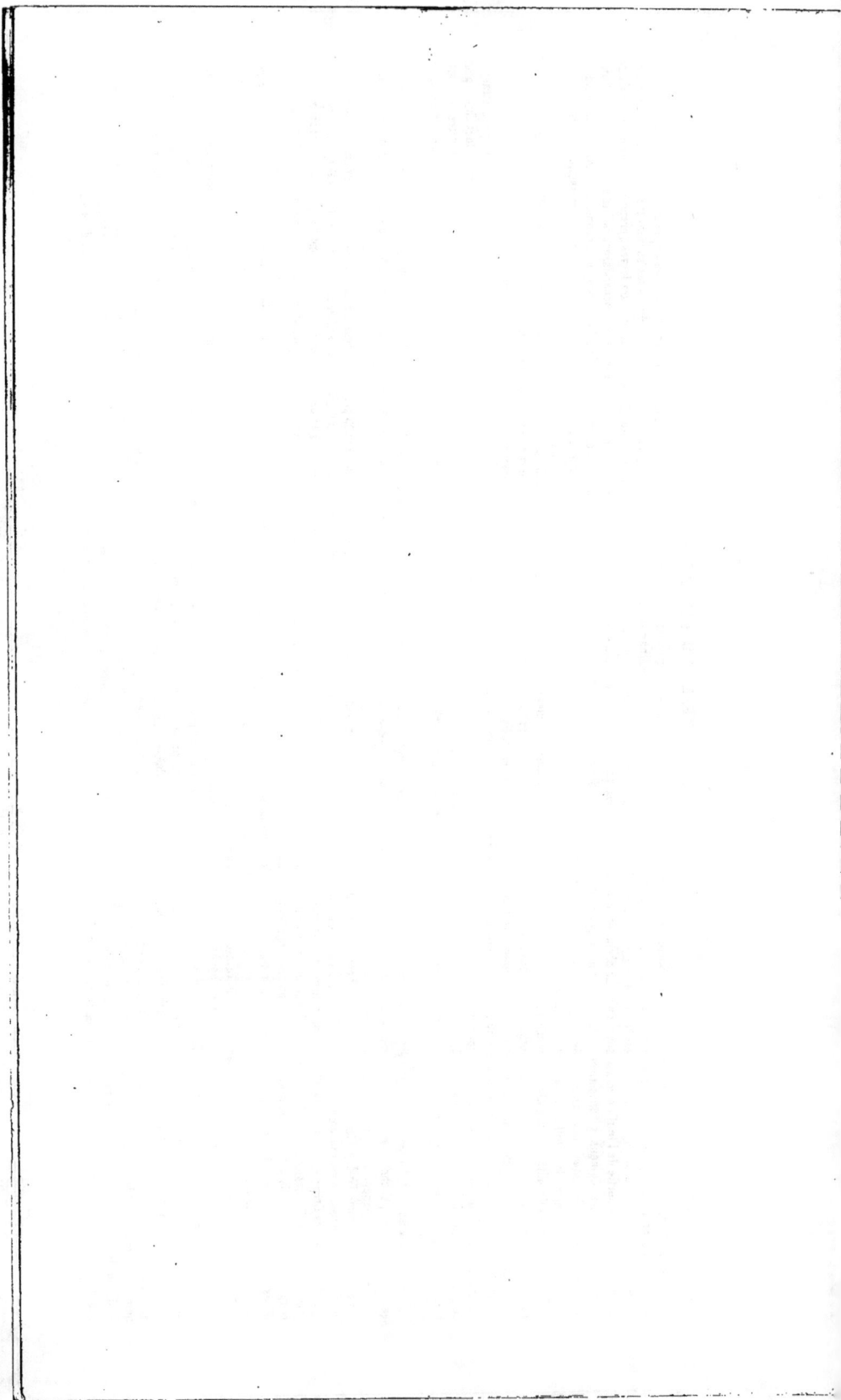

Pl. 2

LES LÉPIDOPTÈRES OU PAPILLONS (Éléments)

Chenille et Chrysalide du Sphinx du Troëne (Ligustri)

loupe de la trompe grossie d'un Sphinx.

Chenille du grand paon

Phalène Tarrière

Chenille Arpenteuse.

Œufs

1 Chenille d'un Nymphalien
2 ... en Chrysalide
3 Fibre trompe-ortie (grossie)

Coupe du cocon et Chrysalide du Bombyx du mûrier (Ver à soie)

Antenne Plumeuse
Antenne Pectinée
Antenne Fusiforme

Chenille et Chrysalide du genre Papillon

Tête de Papillon (profil)
1 base des antennes
2 yeux
3 palpes labiales
4 trompe

Détails grossis du genre Papillon.

Chrysalide du Parnassien Apollon

Pattes

Antenne

a tête
b yeux
c trompe
d palpes inférieurs
e antennes
f massue des antennes
g corselet
h abdomen

i premières ailes, ailes sup.
j secondes ailes, ailes inf., ailes de derrière
k base origine, attache des ailes
l sommet ou angle extérieur
m angle interne ou postérieur
n cellule centrale
o de k à l bord antérieur
p de k à m bord interne

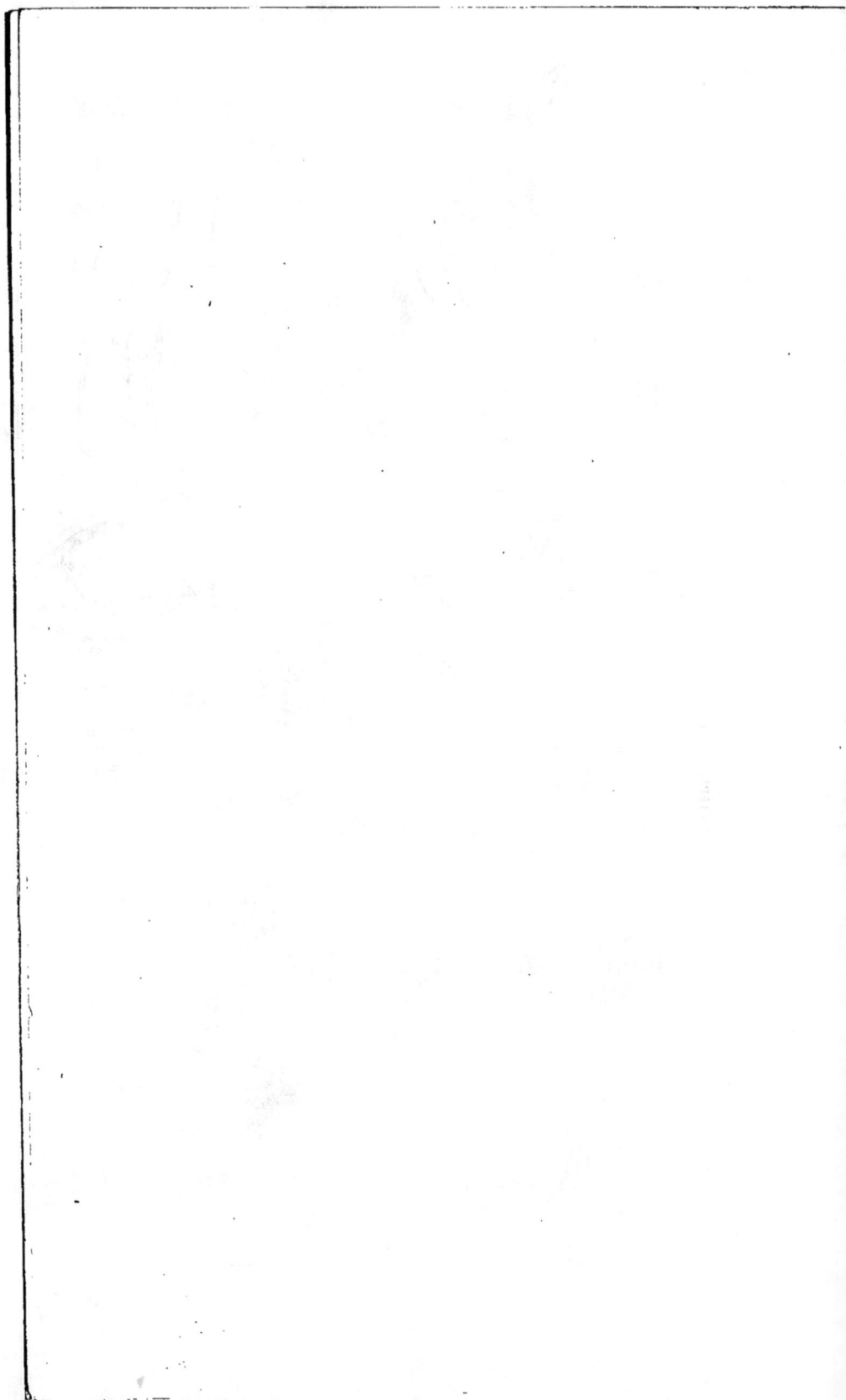

Pl. 3

PAPILLONNIDES

Thais Cerisy
(Italie Grèce)

Vanesse Morio (Antiopa)
(Europe, Asie, Amérique Sept.le)

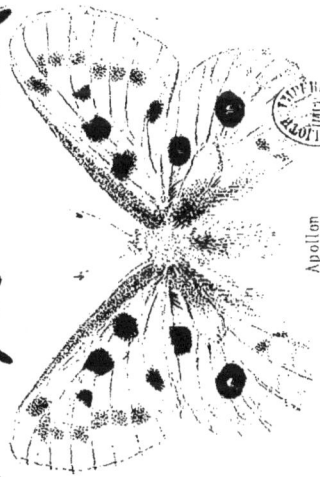

Pap.lon Duponchel

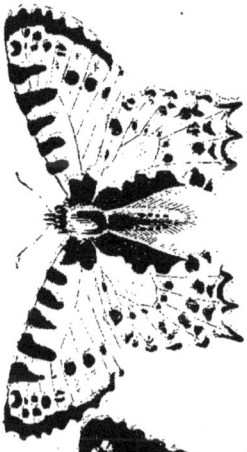

Apollon
(Europe)

DIURNES

Ornithoptère d'Urville (réduit)
(Moluques, Philippines)

Machaon
(Europe Asie Afrique)

Pl 4

SATYRES

Satyre Mera
(Europe)

Satyre Bathseba (mâle) le Mûre
(France Mérid.le Espagne Barbarie)

Satyre petit Sylvain
(Europe)

PIÉRIDES

Piéride Euphéme
(France Mérid.le)

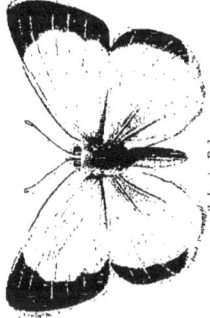

Coliade Paleno
Suede Alpes Pyrénées

Rodocere Cléopâtre
(Mexique)

Piéride Belia
(France Mérid.le Barbarie Asie mineure)

Souci
(Europe)

Anthocharis Eupompe
(Europe)

DIURNES

Piéride Aurore
(Europe)

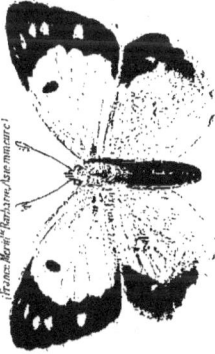

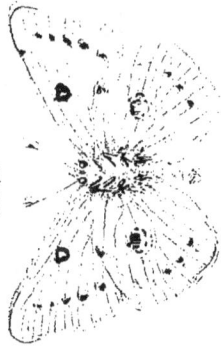

Soufré
(Europe)

Legris Euphéme
(Espagne, Crimée)

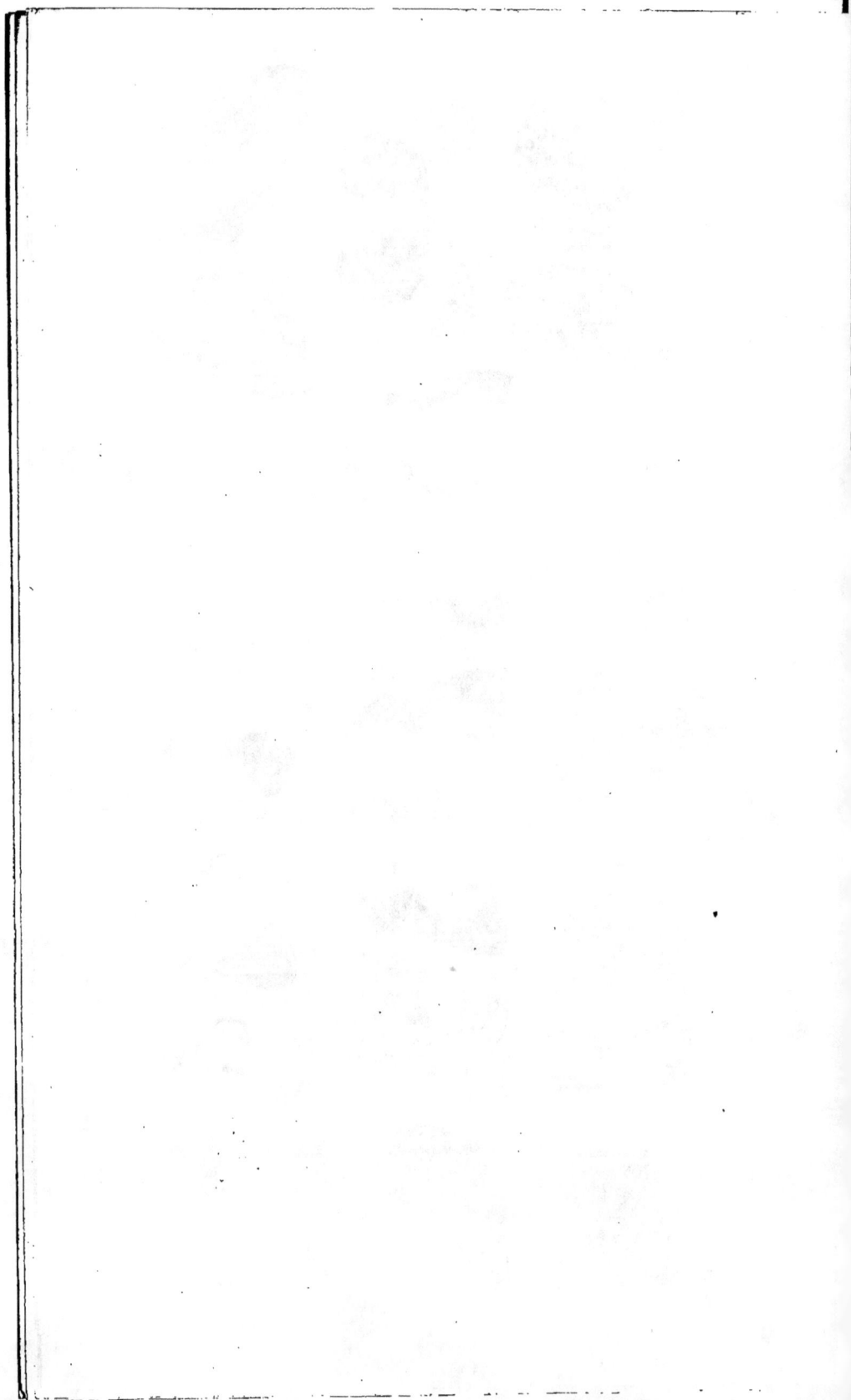

Pl. 5.

NYMPHALIDES

DIURNES.

Danaïde Archippus
(Amérique Sept.le)

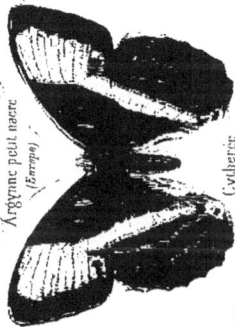

Argynne Pandore
(Europe Asie)

Argynne petit nacré
(Europe)

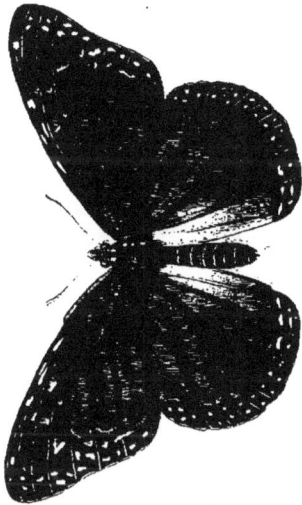

Cytherée
(Guyane)

Bia Actorion
(Brésil)

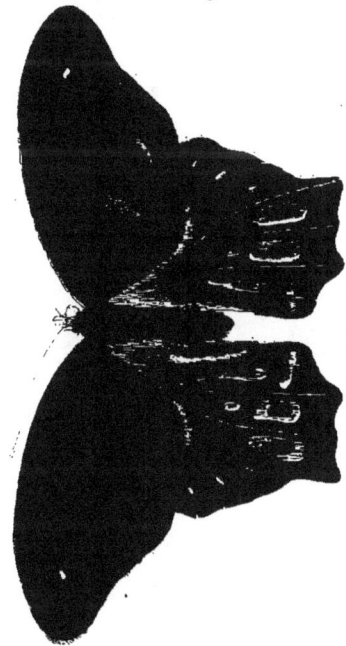

Hétère Phinctete
(Surinam)

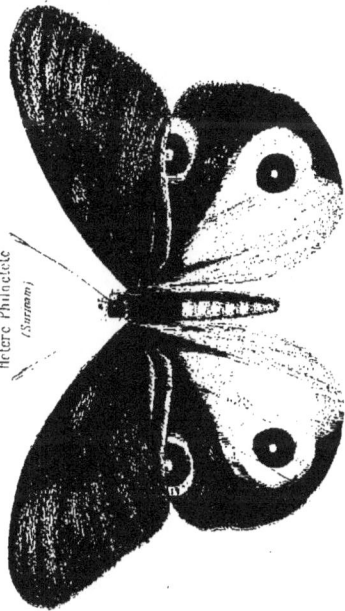

Hiade d'Horsfield

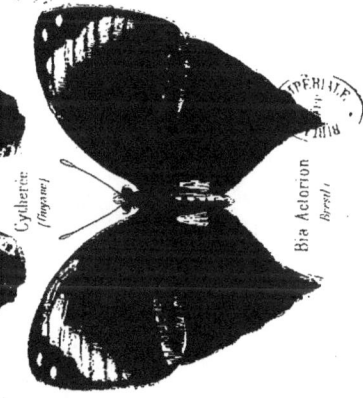

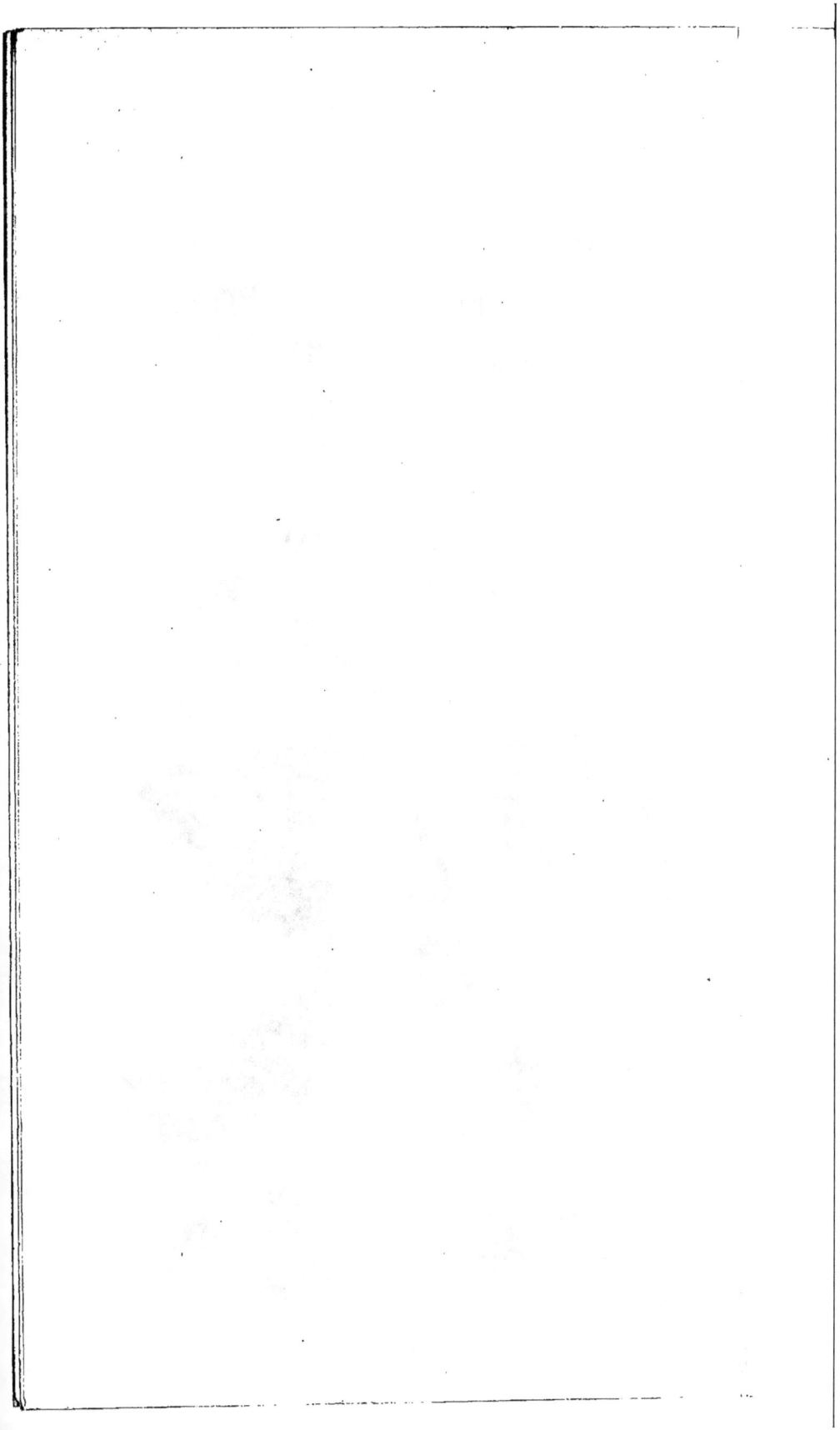

PL 6.

Vanesse Io.
Paon du jour, œil de Paon.
(France)

Petit Mars Changeant
(France)

NIMPHALIDES

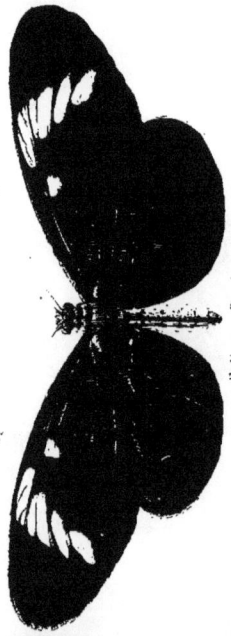

Heliconia Doris
Guyane

Morpho Adonis
(Guyane, Brésil)

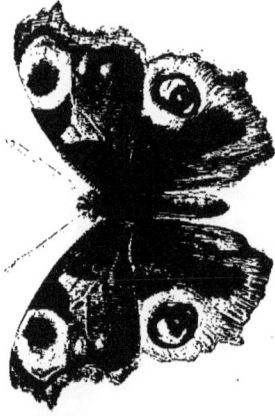

DIURNES

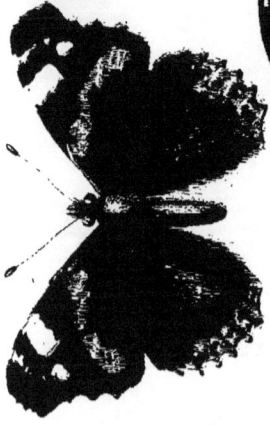

Vulcain
(Europe, Afrique Amérique)

Gde Tortue
(France)

Pl. 7

HESPERIENS

Hesperie Miroir
(France)

Hesperie Hiera
(Europe)

CYDIMONIEN

Cydimon Boisduval
(Guyane.)

Polyommate Amyntas
Hesperie Amyntas
(France.)

Polyommate de la verge d'or
Argus satiné
(France)

Polyommate Corydon
(France)

Polyommate Ottoman
(Smyrne Constantinople.)

ERYCINIENS

Thecle Évagoras

Éeonie de Morisse
(Bresil)

DIURNES

Lycœna Meléager
(Europe)

Emesis Cresus
(Guyane.)

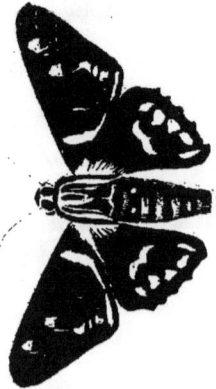

Eudame Versicolore
(Brésil)

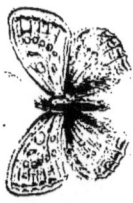

Pl 8.

CRÉPUSCULAIRES

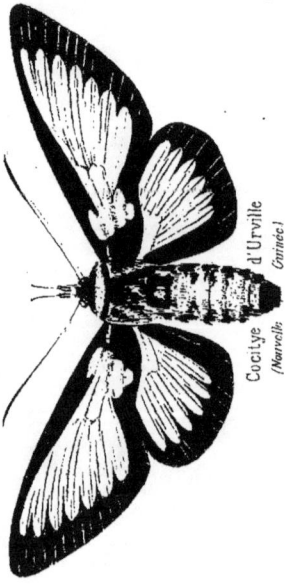

CATSNIENS

Agariste peinte
(Nouvelle Hollande)

Syntomide Elégante

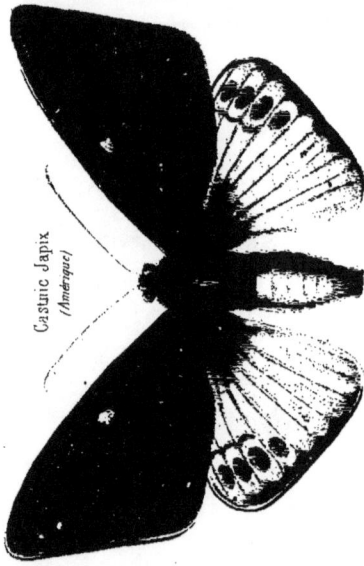

Castnie Japix
(Amérique)

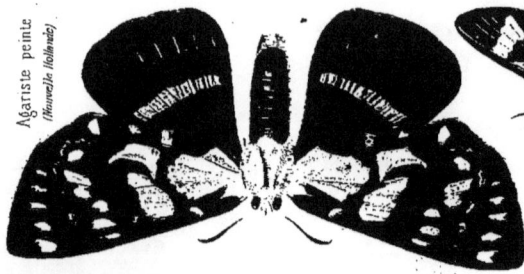

ZYGÉNIENS

Zygène du Languedoc
(France Mérid.te)

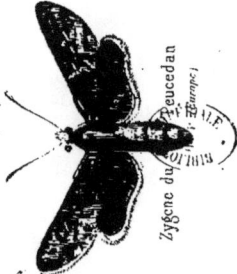

Syntomide Phégée
(Europe) Mérid.te)

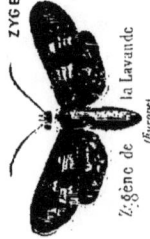

Zygène de la Lavande
(Europe)

Zygène du Peucédan
(Europe)

Coctye d'Urville
(Nouvelle Guinée)

SÉSIENS

Sesia Chrysidiformis

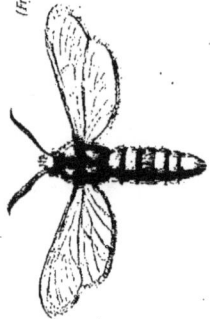

Sesia Scolieformis

Sesia Asiliformis
(France)

Sesia Apiformis

Pl. 9

SPHINGIENS

CREPUSCULAIRES.

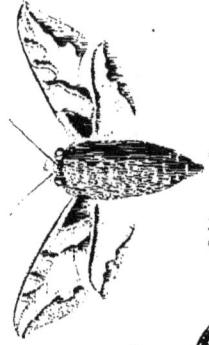

Sphinx petit Pourceau
Deilephila Porcellus
(Europe)

Macroglosse Pelage

Sphinx du Caille lait, Macroglossa Stellatarum, Moro Sphinx
(Europe, Afrique)

laurier rose.
Neru
et (Europe Mérid'le)

Sphinx du
Deilephila
(Afrique, Asie)

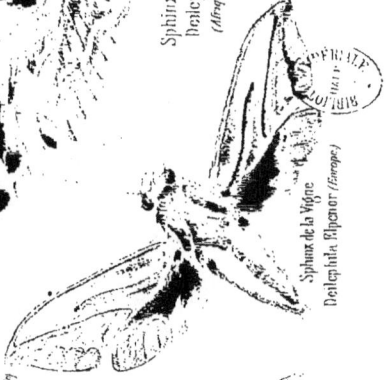

Sphinx de la Vigne
Deilephila Elpenor (Europe)

a tête de mort
Atropos
Atropos
(Europe Mérid'le)

Sphinx
Sphinx
Acherontia
(Afrique
Indes Orientales)

Sphinx du Troene
Sphinx Ligustri
(Europe)

Pl 10

NOCTURNES

BOMBYCIDES

Attacus Petit Paon de nuit.
(Europe)

Attacus Gᵈ Paon de nuit.
(Europe)

Bucéphale *(Femelle)*
(Europe)

Bombix du murier
(Ver à soie)

Chrysalide du ver à soie

Ecaille Hébé
(Europe)

Ecaille Fermière
(Europe)

Larve ou Chenille du ver à soie 22ᵉ jour

Cocon
du ver à soie

PL. 11.

NOCTUELIDES ET HEPIALIDES

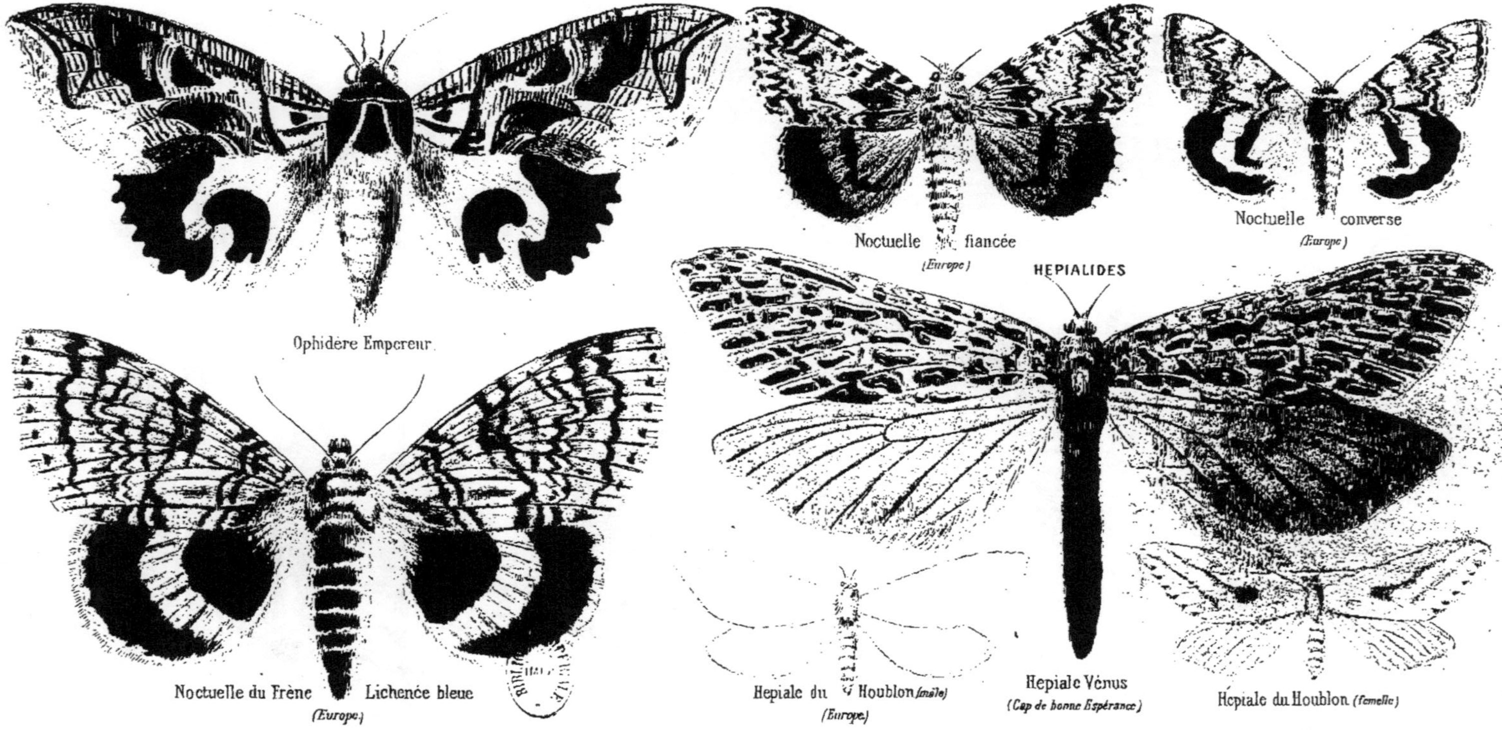

NOCTURNES

HEPIALIDES

Noctuelle converse
(Europe)

Noctuelle fiancée
(Europe)

Ophidère Empereur

Noctuelle du Frêne

Lichénée bleue
(Europe)

Hepiale du Houblon (femelle)

Hepiale Vénus
(Cap de bonne Espérance)

Hepiale du Houblon (mâle)
(Europe)

Pl. 12

NOCTURNES

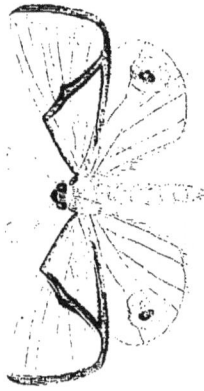

Zérène du Groseiller
(France)

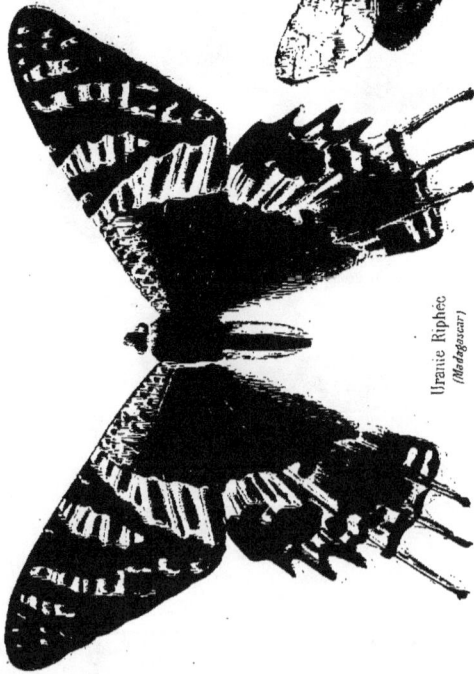

Uranie Riphée
(Madagascar)

Fidonie Plumeuse

Phalœna Miniata géométrica
Callimorphe Rosette
(France)

Tinea Evonymella
Yponomeute du fusain
(Europe)

Tinea Pasiella
Yponomeute Mignonnette
(France-Suisse Allemagne)

Phalène Carmin
Callimorphe du Séneçon
(France)

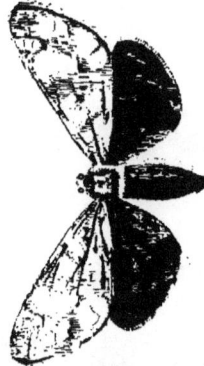

Phalœna Dominula
Callimorphe Dominula
(France)

Phalène Magnifique

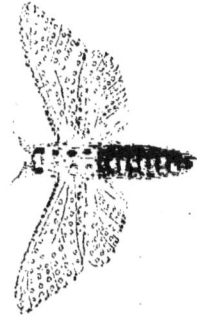

Phalœna Hilaris
Zeuzère du Marronier (Europe)

Phalœna Pulchella
Lithosie gentille (France Mie et Ame)

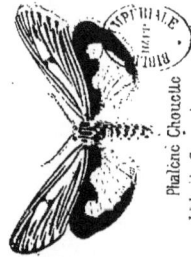

Phalène Chouette
Lithosie Grammica (France)

www.ingramcontent.com/pod-product-compliance
Lightning Source LLC
Chambersburg PA
CBHW070722210326
41520CB00016B/4417